國家圖書館出版品預行編目資料

美麗新世界：熊啊/星野道夫文；林真美譯.
-- 第三版. -- 臺北市：親子天下股份有限公司, 2023.12
48面；20x26 公分. -- (繪本；346)　國語注音
譯自：くまよ
ISBN 978-626-305-608-4(精裝)
1.CST: 熊科 2.CST: 動物攝影 3.CST: 通俗作品
389.813　112016527

繪本 0346・美麗新世界

熊啊

文・攝影｜星野道夫　策劃翻譯｜林真美

責任編輯｜蔡忠琦　美術設計｜王薏雯　書名字體設計｜林家蓁　行銷企劃｜高嘉吟

天下雜誌群創辦人｜殷允芃　董事長兼執行長｜何琦瑜
媒體暨產品事業群
總經理｜游玉雪　副總經理｜林彥傑　總編輯｜林欣靜　行銷總監｜林育菁
資深主編｜蔡忠琦　版權主任｜何晨瑋、黃微真

出版者｜親子天下股份有限公司　地址｜台北市 104 建國北路一段 96 號 4 樓
電話｜（02）2509-2800　傳真｜（02）2509-2462　網址｜www.parenting.com.tw
讀者服務專線｜（02）2662-0332　週一～週五：09:00~17:30
傳真｜（02）2662-6048　客服信箱｜parenting@cw.com.tw
法律顧問｜台英國際商務法律事務所・羅明通律師
製版印刷｜中原造像股份有限公司
總經銷｜大和圖書有限公司　電話：（02）8990-2588

出版日期｜ 2006 年 6 月第一版第一次印行　2015 年 4 月第二版第一次印行
2023 年 12 月第三版第一次印行
定價｜ 350 元　書號｜ BKKP0346P　ISBN ｜ 978-626-305-608-4（精裝）
訂購服務
親子天下 Shopping ｜ shopping.parenting.com.tw
海外・大量訂購｜ parenting@cw.com.tw
書香花園｜台北市建國北路二段 6 巷 11 號　電話（02）2506-1635
劃撥帳號｜ 50331356　親子天下股份有限公司

立即購買 >
親子天下 Shopping

Grizzly Bear

Text & Photograghs by Michio Hoshino © Naoko Hoshino 1998
Layout by Masataka Nakano © Hisako Nakano 1998
Originally published by Fukuinkan Shoten Publishers, Inc., Tokyo, Japan, in 1998 under the title of "Kuma Yo"
The Complex Chinese language rights arranged with Fukuinkan Shoten Publishers, Inc., Tokyo
All rights reserved.

熊啊

星野道夫 文・攝影

林真美 策劃翻譯

我一直期待見到你

在遙遠的童年

你在故事裡

但是　曾經

神奇的體驗

讓我在路上

突然想起了你

在搖晃的電車中

在過馬路的剎那

我想到

你或許正在一個

不知名的山裡

重步行過草叢

跨過一棵

倒塌的巨木

我發現

我們擁有的是相同的時間之河

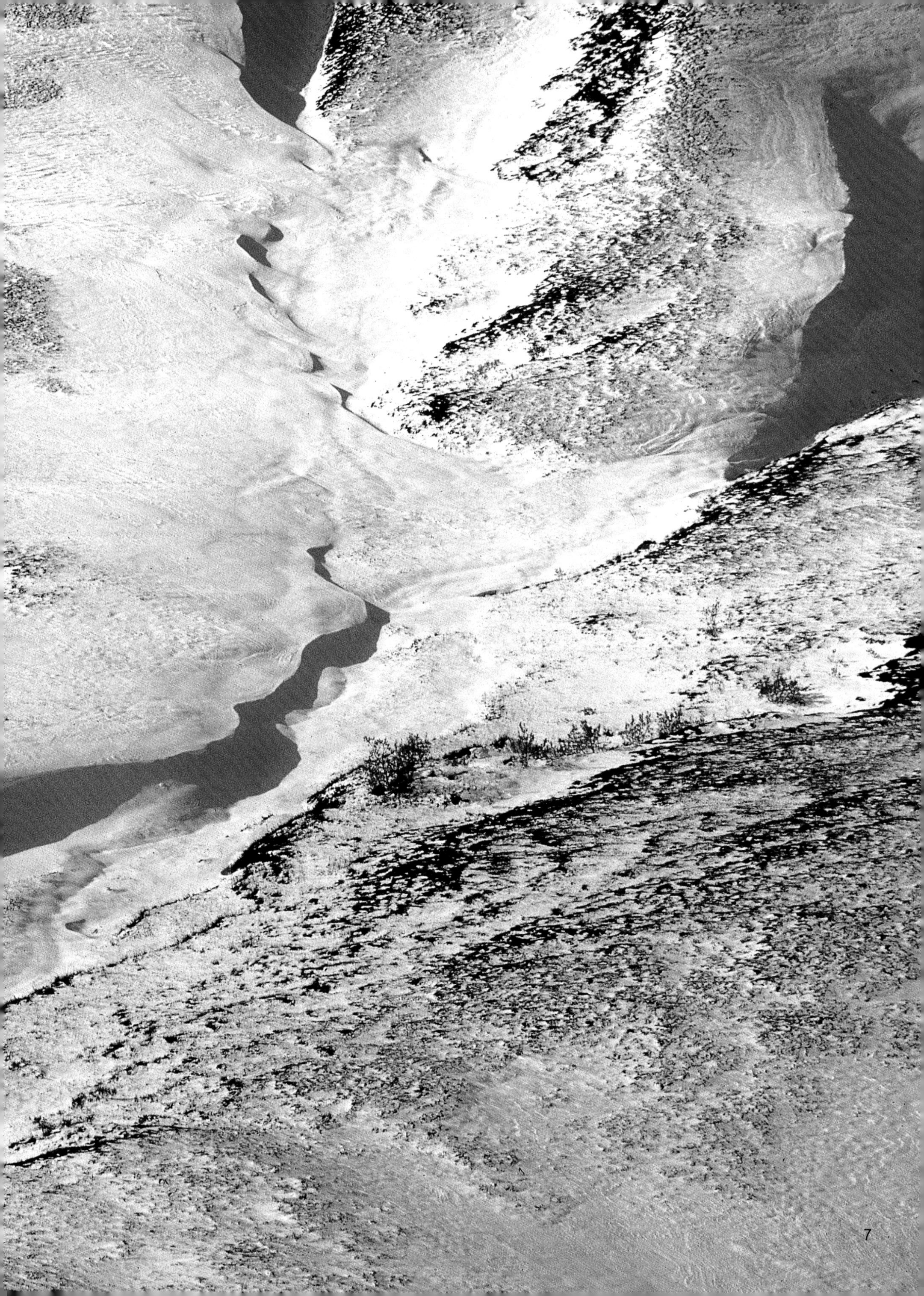

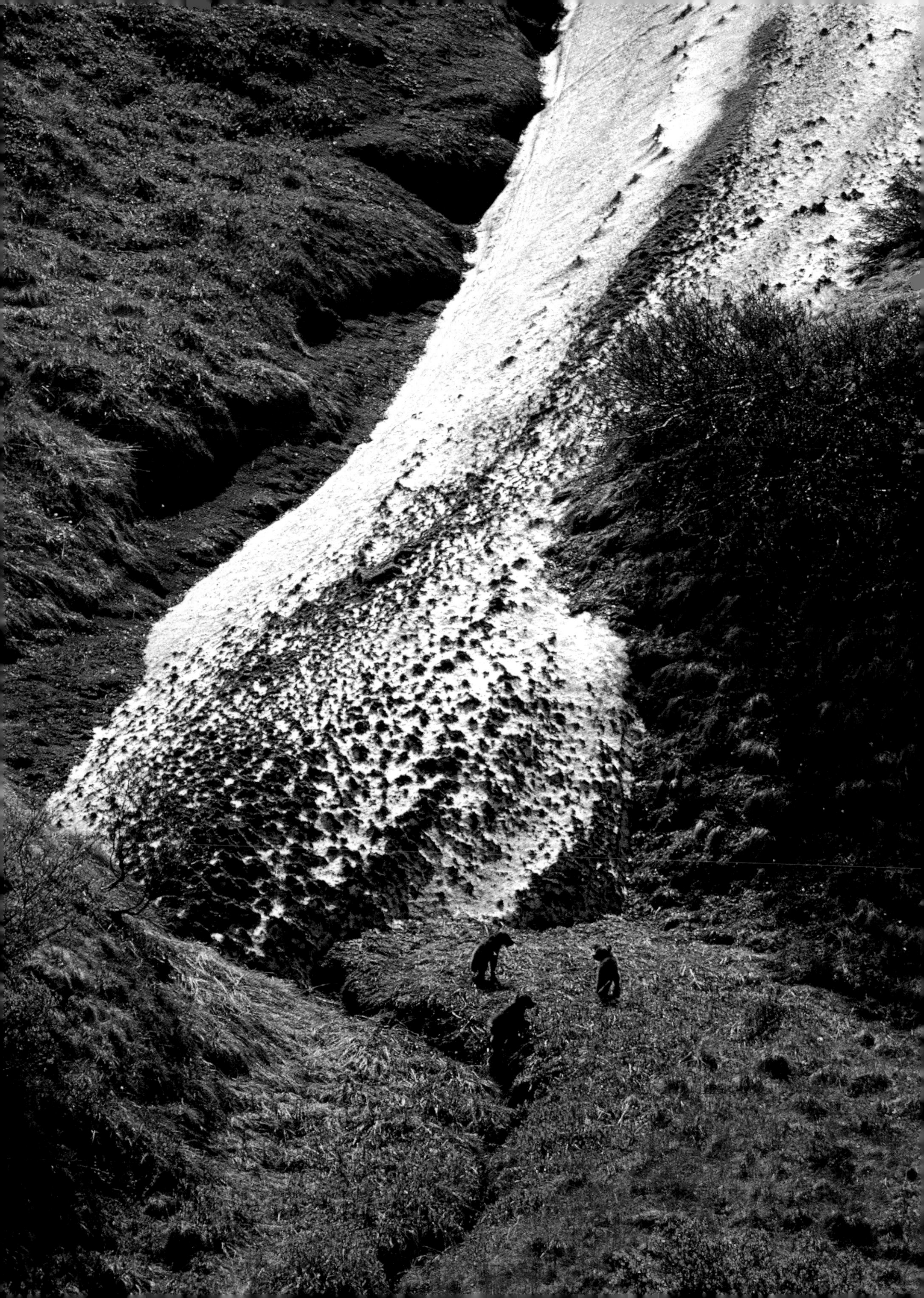

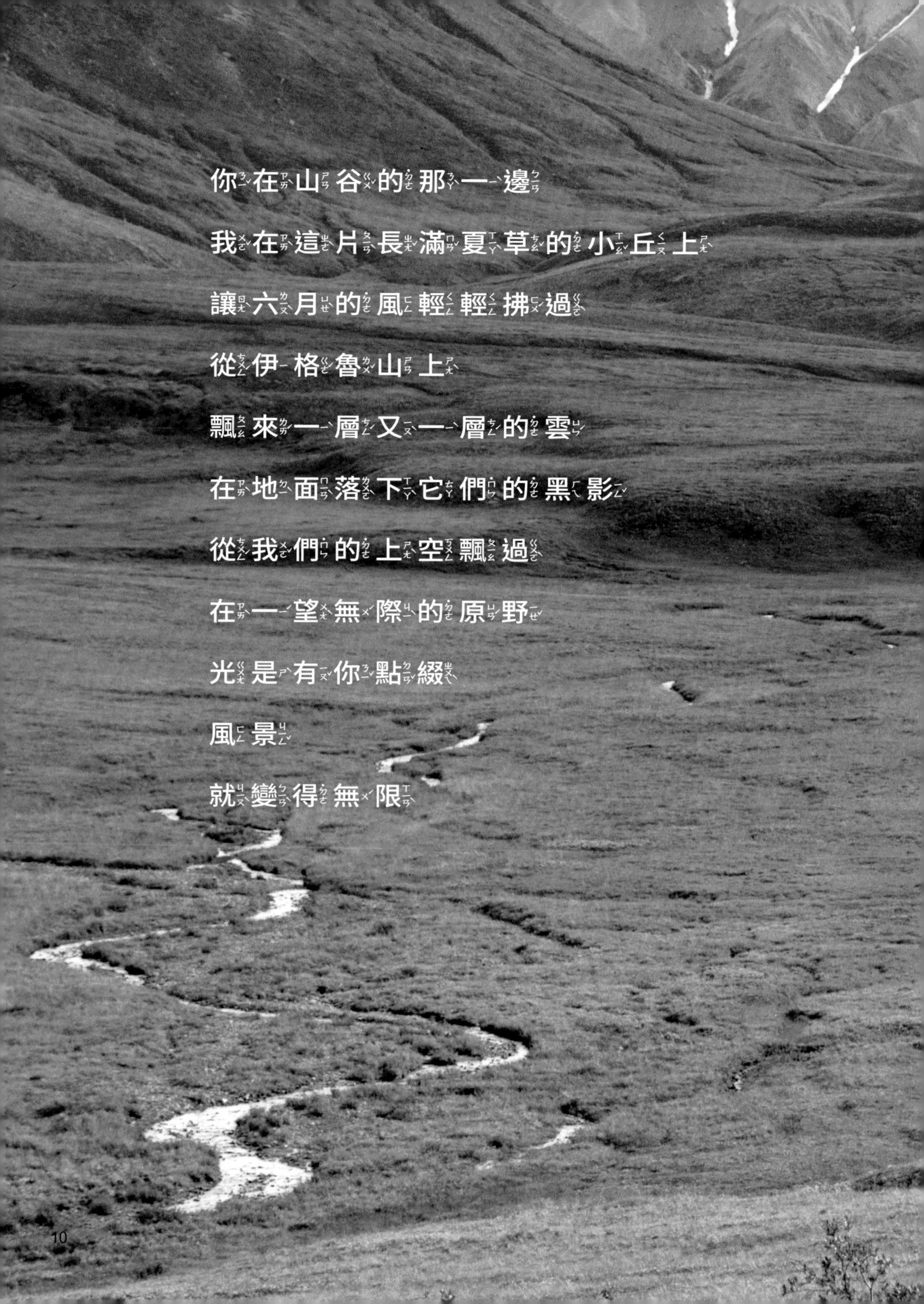

你在山谷的那一邊

我在這片長滿夏草的小丘上

讓六月的風輕輕拂過

從伊格魯山上

飄來一層又一層的雲

在地面落下它們的黑影

從我們的上空飄過

在一望無際的原野

光是有你點綴

風景

就變得無限

你和小熊玩在一起

說悄悄話

輕輕的抱住對方

我也想奔向草原

去碰觸你的身體

可是

我和你相隔遙遠

像遠方的星星那樣

相隔遙遠

夏天的腳步
來到了密克飛克河
鮭魚一一往上游

你從山裡走來
白頭鷲從海的那一邊飛來
海鷗來吃鮭魚的殘骸
夏天的腳步
來到了密克飛克河

當我發現你時

你在草叢中

一臉困惑的坐著

我一樣不知所措

只是站著

與你對看

到底　過了多久

我聽到你

微微的　微微的

呼吸聲

在麥肯雷山的山腳下
我們將重重的身體著地
盡情的吃著秋天的果實
有藍莓和小紅莓
偶爾抬頭
確認一下彼此的所在
我用秋天的果實
染我的褲子
你用秋天的果實
染你的屁股

我們在同一個森林裡

睡了好幾天

在萬籟俱寂的夜裡

地鼠沙沙沙的

在落葉下走動

野兔咚咚咚的

在樹與樹之間穿梭

雖然同樣看不到你的身影

但我知道你在那裡

我們在同一個森林裡

睡了好幾天

每到夜裡

光想到你

就有點害怕

我在帳篷裡

豎耳靜聽

不過　　每在此時

總有一種奇妙的感覺

我彷彿變成遙遠的原始人

我彷彿變成了動物

每到夜裡

就有點害怕

不過

我喜歡那奇妙的感覺

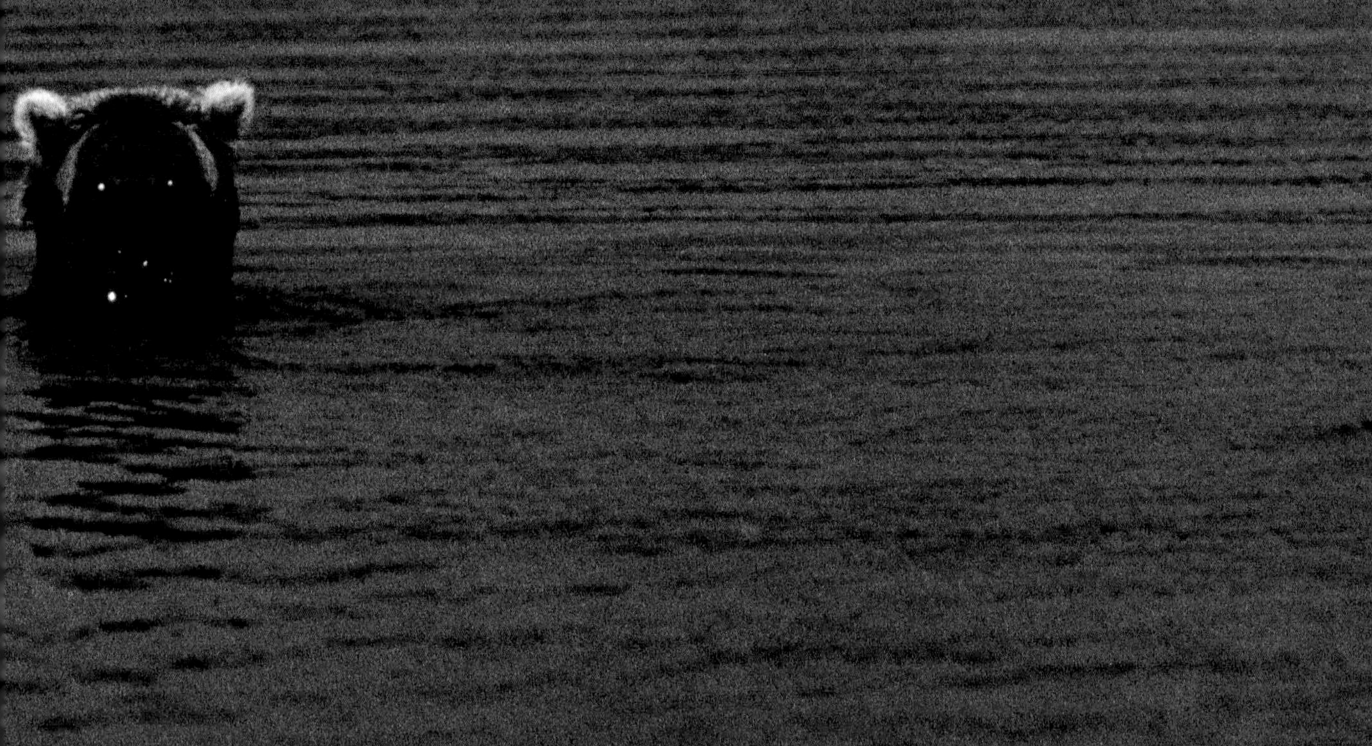

你曉得

秋色已在逼近了嗎

冰冷的夜

和晴朗的次日早晨

仔細盯著看

你看　紅色和黃色

多麼的濃啊

一眼望去都是這樣的景緻

一眼望去都是這樣的景緻

美麗的骨骸
被秋天的凍原覆蓋
我伸手
輕撫
我湊上前去
聞了聞
我蹲著
聽許久許久以前　你唱的歌

傾聽冬日的寧靜

我已看不到你的蹤影

但是　你蜷縮在雪的下方

我用耳朵傾聽你的呼息

▍作者

星野道夫

1952年生於日本千葉縣，是自然觀察家及攝影師，長年觀察拍攝各種野生動物並從事自然寫作。

1976年，慶應大學經濟學系畢業。1978年，進入阿拉斯加大學野生動物管理學院就讀，之後持續從事阿拉斯加自然及野生動物之攝影工作。1986年榮獲第三屆平凡社動物攝影獎，1990年獲第十五屆木村伊兵衛獎。

1996年參與日本電視節目拍攝棕熊計畫，卻遭受棕熊攻擊逝世。遺作展吸引上百萬日本人入場參觀。1999年獲日本攝影協會追贈特別獎。

作品有攝影集，並撰寫與阿拉斯加相關散文，另外，亦出版攝影繪本《阿拉斯加探險記》、《到森林去》、《阿拉斯加，光與風》……等。

▍策劃翻譯

林真美

國立中央大學中文系畢業，日本國立御茶之水女子大學兒童學碩士。 曾在清華大學、中央大學、輔仁大學及數所社區大學兼課， 開設「兒童與兒童文學」、「兒童文化」、「繪本、影像與兒童」等課程。

1992年開始在國內推動親子共讀讀書會，1996年策劃、翻譯「大手牽小手」繪本系列（遠流），2000年與「小大讀書會」成員在台中創設「小大繪本館」，2006年策劃、翻譯「美麗新世界」系列（親子天下）及「和風繪本」系列（青林國際）。譯介英、美、日……繪本無數。

除翻譯繪本，亦偶事兒童文學作品、繪本論述、散文、小說之翻譯。如「宮澤賢治的繪本散策」（聯經出版）、《繪本之力》（遠流）、《百年兒童敍事》（四也）、《最早的記憶》（遠流）、《夏之庭》（星月書房）……等。《在繪本中看見力量》（星月書房）則為與小大讀書會成員共著之繪本共讀紀錄。

近年並致力於「兒童權利」之推廣，與國內16位插畫家共同完成兒童人權繪本《我是小孩，我有話要說》（玉山社）。個人繪本論述包括《繪本之眼》（親子天下）、《有年輪的繪本》（遠流）二書。